传统民居地基基础加固施工技术参考图集

宋建学　编著

中国建筑工业出版社

图书在版编目（CIP）数据

传统民居地基基础加固施工技术参考图集/宋建学编
著．—北京：中国建筑工业出版社，2017.12
ISBN 978-7-112-21529-4

Ⅰ.①传… Ⅱ.①宋… Ⅲ.①民居-地基处理-建筑
施工-图集 Ⅳ.①TU241.5-64

中国版本图书馆 CIP 数据核字（2017）第 284897 号

本书系统总结了传统民居地基基础加固施工技术，并以图集的形
式展现出来，主要内容包括传统民居地基加固的技术特征、主要技术
手段、材料、设备、施工及验收措施，相应的平面图、剖面图、工艺
流程图、局部详图等。
本书适合从事传统民居地基基础加固的农村工匠及技术人员学习
参考。

责任编辑：王　梅　杨　允
责任设计：李志立
责任校对：王　烨

传统民居地基基础加固施工技术参考图集
宋建学　编著
*
中国建筑工业出版社出版、发行（北京海淀三里河路 9 号）
各地新华书店、建筑书店经销
霸州市顺浩图文科技发展有限公司制版
廊坊市海涛印刷有限公司印刷
*
开本：850×1168 毫米　1/32　印张：2⅛　字数：55 千字
2018 年 1 月第一版　　2018 年 1 月第一次印刷
定价：**20.00** 元
ISBN 978-7-112-21529-4
（31175）

前　言

2014 年 11 月 25 日，"十二五"国家科技支撑计划项目"传统村落保护规划和技术传承关键技术研究（2014BAL06B00）"在北京启动；同年 12 月 9 日，该项目中的"传统村落结构安全性能提升关键技术研究与示范（2014BAL06B03）"在西安举行课题启动会，标志着相关项目级和课题级研究工作进入实质性推进阶段。本参考图集总结了课题研究内容中"任务 5：地基基础加固与房屋纠偏改造关键技术研究（2014BAL06B03-01）"相关成果，并以河南省郑州市上街区方顶村、河南省驻马店市西平县焦庄乡董庄村、新乡市辉县百泉镇王家庄村、三门峡市陕县庙上村以及陕州区张湾乡新庄村等研究基地和工程示范点传统民居加固施工具体方法，总结提炼出相应参考图式，意图通过示范工程传统民居加固方案，推动本领域工作的进展。

本图集中推荐的各类加固方法基于以下原则：

（1）传统民居保护是为了利用，只有在利用中才能体现保护的价值。

（2）传统民居结构安全性能提升的同时，应尽可能保持原有的建筑风格、风貌，对有些规格较高的古民居应能保存现状或恢复原状，保存原来的建筑形制，保存原来的建筑结构。

（3）传统民居安全性提升技术的实施主体是基层农村建筑工匠，这就要求加固施工的设备、技术应切合实际，对房屋加固改造的经济投入也不能过高，不能照搬通常应用于现代建筑结构的加固技术手段，成果的表达方法应尽可能通俗易懂、简便易行，可操作强，易被农村工匠掌握和学习。

本书第 1 章由宋建学编写，第 2 章由卢群芳、李力剑编写，第 3 章由张瑞鑫、刘清编写，第 4 章由李晓健编写，第 5 章由刘清、董科伟编写，第 6 章由王一中编写，第 7 章由李力剑、郑仁清编写；全书图式由杨海荣完成审核、校对，文稿由宋建学统稿并最终定稿。

目　　录

1 引　言

中国有着几千年的文明史、建筑史，传统式民居作为中国建筑史上一个重要的物质载体，蕴含着极大的历史价值、文化价值和使用价值，可以称之为"历史的活化石"。传统民居大多是根据当时社会环境下各个地区的自然环境条件、经济水平和当地材料的特点，因材致用、因地制宜地建造形成的，是广大劳动人民的智慧结晶。

传统民居遍布于全国各地，如福建土楼（图1.1）、徽州民居（图1.2）、陕北窑居（图1.3）、陕南民居（图1.4）等，其中具有地方性和代表性又如祁县乔家大院（图1.5）、山西平遥古城（图1.6）等，它们造型古朴典雅且各具特色，分别代表着当地的建筑特点和文化习俗，近年来得到了越来越多文化研究者和旅游者的关注与青睐。

图1.1　福建土楼　　　　　　　图1.2　徽州民居

截至目前，已有许多专家学者对传统民居的保护展开了研究，但这些研究目前仍大多集中在建筑规划及历史文化方面，而对传统民居结构安全性能方面的研究涉及较少。传统民居种类繁多、结构复杂。先民们在营造传统民居的过程中主要是依据个人直觉和生存经验，没有力学原理指导，没有结构知识依据，在反复的失败与成功中积累经验、淘汰错误，最终才逐渐形成某一类传统民居的基本样式。因此，即使是同一类传统民居，其结构体系和构件尺寸也会有一定的差异，这无疑给传统民居结构安全性能提升方面的研究增加难度。

图 1.3　陕北窑居

图 1.4　陕南民居

图 1.5　祁县乔家大院

图 1.6　山西平遥古城

2 基础扩大加固法

2.1 基本规定

2.1.1 概述

基础扩大加固法就是当确认地基承载力较低，而基础底面积又有加大的条件时，通过增大基础底面积，以达到减少上部传来荷载作用在地基上的接触压强，降低地基土中的附加应力水平，从而减少传统民居结构整体的沉降量，满足结构变形控制目的，是一种设计简单、施工工艺成熟、现场作业方便的加固技术。

2.1.2 加固方式

（1）混凝土套/钢筋混凝土套

通常采用混凝土套或者钢筋混凝土套的方式增大独立基础既有底面积。当不宜采用混凝土套或钢筋混凝土套加大基础底面积时，可将原独立基础改成条形基础；或将原条形基础改成十字交叉条形基础或筏板基础。总之，是通过增加单个基础构件的底面积，或者通过改变基础体系形式来增加总基础底面积。

（2）基础加宽法

又称"马鞍法"，即在基础顶墙体上按适当距离凿洞两侧加小梁，再在基础两侧浇筑侧板，与基础成为整体。此法适用于砖石基础，若为钢筋混凝土条基，则采取凿出底板主筋，增焊钢筋，并加宽、加厚底板混凝土。基础加宽法是较常用的方法，关键是新旧基础的牢固结合，保证其成为整体，共同工作。

（3）外增基础法

在原基础两侧挖坑并做新基础，然后通过钢筋混凝土梁将墙体部分荷载转移到新做的基础上，从而加大原基础的底面积。

确定基础加固方案时必须根据现场条件，符合安全可靠、方便施工、经济合理的设计原则。

2.1.3 适用范围

当既有建筑物的荷载增加、地基承载力或者基础底面积尺寸不满足要求、基础埋深较浅且有扩大条件时的基础加固，可采用扩大基础底面积法。

（1）混凝土套/钢筋混凝土套

适用于地基承载力或基础底面积尺寸不满足要求；原基础出现破损裂缝；旧房加层设计。

（2）马鞍法

适用于稳定软土或回填土上建筑物的下沉或不均匀沉降。常用于基础埋深较浅、不受地下水影响、基础沉降量较小的情况。

（3）外增基础法

适用于地基土承载力不足且基础两侧施工场地不受限制的加固工程。

2.1.4 优缺点

扩大基础底面积的优点：（1）经济有效；（2）加强基础刚度与整体性；（3）减少基底压力；（4）减少基础不均匀沉降。

缺点：扩大基础底面积的加固方法需要原基础周边具备扩大底面积相应作业空间，并对新、旧基础之间的界面强度要求较高，对施工技术有较高要求。

2.2 扩大基础加固施工前准备

2.2.1 扩大基础面积加固法的材料

传统民居地基加固应就地取材，降低造价。由于现场混凝土使用方量小，可就地人工拌制。拌制过程中应严格控制用水量。

（1）钢筋

HPB300 级、HRB335 级、HRB400 级热轧钢筋。

（2）混凝土

采用强度等级不低于 32.5 级的硅酸盐水泥和普通硅酸盐水泥，也可采用矿渣硅酸盐水泥或火山灰质硅酸盐水泥，但其强度等级不应低于 42.5 级；

粗骨料应选用坚硬、耐久性好的碎石或卵石，不得使用含有活性二氧化硅石料制成的粗骨料；

细骨料应选用中、粗砂。

考虑农村施工技术，表 2.1 给出 C20、C25、C30 的混凝土配合比设计。

单位立方米混凝土中各种材料用量的混凝土配合比设计　　表 2.1

	水泥(kg)	砂(kg)	碎石(kg)	水(kg)	配合比
C20	343	621	1261	175	1 : 1.81 : 3.68 : 0.51
C25	398	566	1261	175	1 : 1.42 : 3.17 : 0.44
C30	461	512	1252	175	1 : 1.11 : 2.72 : 0.38

2.2.2　扩大基础面积加固法施工设备

混凝土振动棒的设备选型：$\phi50$ 型插入式 4～8m 混凝土振动棒，如图 2.1 所示。

图 2.1　混凝土振动棒

混凝土振动棒使用方法：

（1）混凝土振动棒运转前，应检查电源相线接法是否正确，通电后，如混凝土振动棒未产生振动时，一般可将混凝土振动棒端往地上磕一下，待振动发出平稳有力的鸣叫声后，便可进行振捣作业。

（2）混凝土振动棒工作时，应将混凝土振动棒垂直或倾斜地插入混凝土中，振捣一定时间后即可，振动时混凝土振动棒应上下抽动。

（3）在构件或建筑物上分层浇筑的情况下，振捣次一层时，应将混凝土振动棒插入已捣振层中，以消除层间接缝，获得整体效果。

（4）混凝土振动棒连续工作半小时后，应停歇一段时间，防止机械发热过甚而损坏机件。

当无混凝土振动棒时，应采用钢棒进行振捣，具体振捣方法如下：

（1）混凝土应分层浇筑，并分层振捣，各次插捣要在每层截面上均匀分布。

（2）插捣时均应把约一半的次数呈螺旋形由外向中心进行。

（3）插捣底层时，需稍倾斜并贯穿整个深度。

（4）插捣中间层和顶层时，捣棒要插透本层，并使之刚好插入下面一层。

2.3 加固设计

2.3.1 加大基础面积技术的方案设计

对单独柱基基础加固，可采用沿基础底面四面扩大加固；当原条形基础承受中心荷载作用时，可采用双面加宽；当原基础承受偏心荷载时，或受相邻建筑基础条件限制，或为沉降缝处的基础，或不影响室内正常使用时，可用单面加宽基础。

2.3.2 基础底面尺寸的确定

（1）轴心荷载作用下基础底面尺寸的确定

根据地基承载力计算公式，变换公式得：

$$A \geqslant \frac{F}{f_a - \gamma_G d} \tag{2.1}$$

式中　A——基础的底面积；

$\quad\quad F$——上部结构传至基础顶面的竖向荷载；

$\quad\quad f_a$——持力层修正后的地基承载力特征值；

$\quad\quad \gamma_G$——基础及基础上填土的平均重度；

$\quad\quad d$——基础平均埋置深度。

对于条形基础，可按基础的单位长度为 1m 进行计算，同时荷载也换算成单位长度荷载计算，则条形基础宽度设计的公式为：

$$b \geqslant \frac{F}{f - \gamma_G d} \tag{2.2}$$

（2）偏心荷载作用下基础底面尺寸的确定

一般偏心荷载作用下基础底面尺寸的确定不能用公式直接算

出，通常的计算方法为：先按轴向荷载作用条件，初步估算所需的基础底面积 A，然后再根据偏心距的大小，将基础的底面积增大 10%～30%，并以适当的长宽比确定基础底面的长度和宽度。

对传统民居基础进行加固时，往往缺少地基承载力等基本数据，从而无法进行精细的底面积计算。根据既有地基加固经验，当传统民居基础变形不严重，基础裂缝宽度在 5mm 以下时，通常使加固后基础底面积不小于原底面积的 2 倍；当传统民居基础变形较严重，基础裂缝宽度在 5mm 以上时，通常使加固后基础底面积不小于原底面积的 3 倍。

2.4 施工工艺

2.4.1 工艺原理

传统民居扩大基础底面积加固法并不能使已产生的沉降或差异沉降缩小，只能控制后续沉降和差异沉降的发展。其基本的工艺原理是将原基础切割面凿毛、开槽、植筋、安装钢筋笼，利用混凝土套的原理对原基础进行围箍浇筑混凝土，增加基底面积。

2.4.2 工艺特点

扩大基底面积法的工艺特点主要表现在以下几个方面：

（1）建筑物进行改造进而增加基础底面积，不影响传统民居的风貌特征，适用于传统民居的结构安全性能提升工程。

（2）上部加层墙体加固和下部基底改造可以同时进行施工，有利于保障结构的安全，缩短工期。

2.4.3 施工注意事项

（1）施工时沿条形基础纵向按 1.50～2.00m 长度划分成许多单独区段，错开时间分别进行开挖施工（即"跳仓开挖"），绝不能沿基础全长挖成连续的坑槽或使坑槽内地基土暴露过久而使原基础产生和加剧不均匀沉降。沿基础高度隔一定距离应设置锚固钢筋，可使加固的新浇混凝土与原有基础砌体紧密结合成为整体。

（2）在加宽部分的地基土上，铺设厚度不小于 100mm 的压实碎石层或砂砾层。

（3）传统民居基础加宽后一般应满足刚性角要求。

（4）将原砖砌体充分凿毛，最好再间隔凿成马牙槎，浇水湿透并清洗干净后再浇筑新混凝土。

（5）灌注混凝土前应将原基础凿毛洗净后铺一层相同强度等级的水泥浆，以增强界面强度。

（6）在墙脚或圈梁处钻穿钢筋时，孔洞清洗干净后用环氧砂浆填充密实，穿孔钢筋露头部分必须满足锚固长度要求。

（7）每一区段基础加固施工完毕后立即回填，严禁久置，切忌开挖后遇雨天导致雨水灌入基础。

（8）当采用混凝土套时，基础每边加宽的宽度其外形尺寸应符合现行国家标准《建筑地基基础设计规范》GB 50007 中有关刚性基础台阶宽高比允许值的规定。

（9）当既有建筑的基础产生开裂或地基基础不满足设计要求时，对于开裂的情况可先进行注浆加固后，然后采用混凝土套或钢筋混凝土套加大基础底面积，以满足地基承载力和变形的要求。

（10）对于需要植筋的部位，植筋深度应满足相关规定，一般应大于 4 倍植筋直径。

（11）放线时除了应考虑加固后基础的尺寸外，尚应考虑施工工作面及开挖放坡的影响，施工工作面不应小于 0.5m。

2.5 验收方法

施工过程中应严格控制新、旧基础界面强度（或旧基础内水平穿入剪力钢筋的数量、直径等），保障传统民居可以把部分上部荷载传递到扩大的基础上，从而控制后续沉降发展。

一般来说，传统民居基础加固施工完成后，应进行不少于 3 个月的沉降监测。当传统民居所有沉降监测点位最后 1 个月内的沉降量小于 1mm 时，方可判定加固有效。

按《建筑变形测量规范》JGJ 8—2016 规定，要求观测精度高于±1mm 的建筑物，一般按二等水准测量技术规范执行。二等水准测量一般采用水准仪型号为 DS05、DS1 配套铟钢条码尺，图示为 DNA03 型水准仪、配套铟钢条码尺。

在观测时，为了满足精度要求，应控制以下指标：

视线长度：3m≤D≤50m；

前后视距差：l≤1.5m；

前后视距累积差：L≤5.0m；

视线高度：h≥0.55m；

重复次数：t≥2次；

两次读数所测高差之差限差：0.7mm；

往返较差及符合或环线闭合差限差：1.0$\sqrt{h}$mm；

单程双测站所测高差较差限差：0.7$\sqrt{h}$mm。

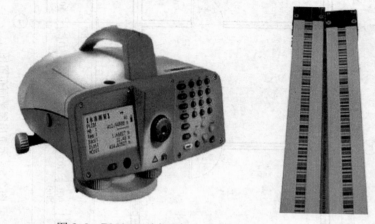

图2.2　DNA03型水准仪　　　　　　图2.3　铟钢条码尺

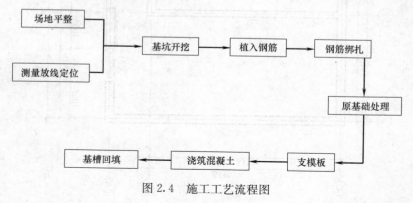

图2.4　施工工艺流程图

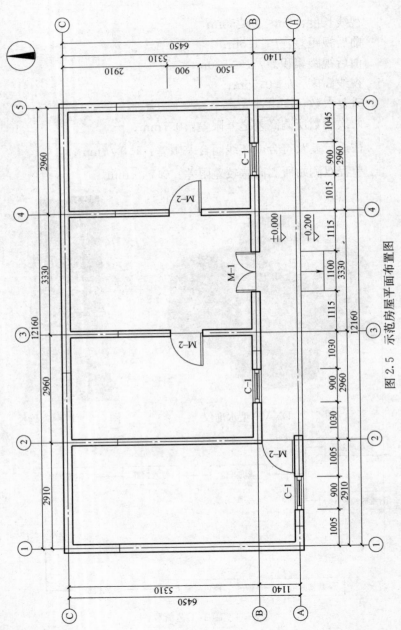

图 2.5 示范房屋平面布置图

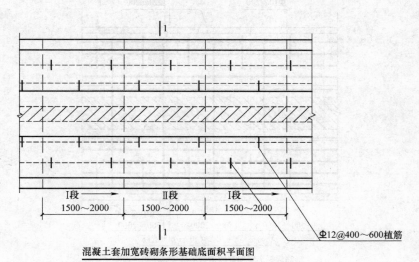

混凝土套加宽砖砌条形基础底面积平面图

1—1剖面图1:20

注:
1.在条形基础加固时,采用跳仓法施工,即标注施工顺序不是从左到右连续展开,而是1-2-1-2,或者1-2-3-1-2-3;
2.基础加宽宽度b在240～500mm之间。

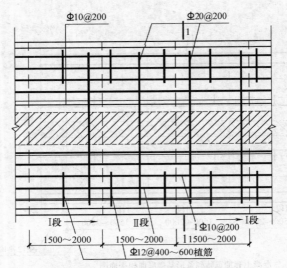

Φ10@200　　Φ20@200　　1

Ⅰ段　　Ⅱ段　　1Φ10@200　　Ⅰ段

1500～2000　　1500～2000　　1500～2000

Φ12@400～600植筋

钢筋混凝土套加宽砖砌条形基础底面积平面图

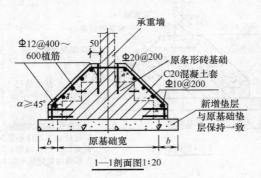

承重墙

Φ12@400～600植筋　　50

Φ20@200　　原条形砖基础

C20混凝土套

Φ10@200

α≥45°　　新增垫层与原基础垫层保持一致

b　　原基础宽　　b

1—1剖面图1:20

注:
1.在条形基础加固时,采用跳仓法施工,
即标注施工顺序不是从左到右连续展开,
而是1-2-1-2,或者1-2-3-1-2-3;
2.基础加宽宽度b在240～500mm之间。

12

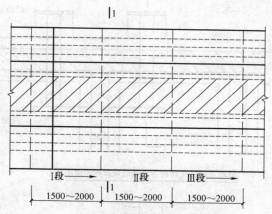

I段	II段	III段
1500～2000	1500～2000	1500～2000

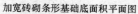

加宽砖砌条形基础底面积平面图

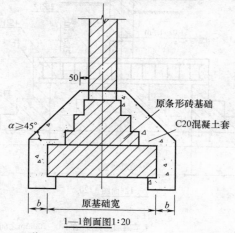

50

$\alpha \geqslant 45°$

原条形砖基础

C20混凝土套

b 原基础宽 b

1—1剖面图1：20

注：

1.在条形基础加固时，采用跳仓法施工，即标注施工顺序不是从左到右连续展开，而是1-2-1-2，或者1-2-3-1-2-3；

2.基础加宽宽度b在240～500mm之间。

13

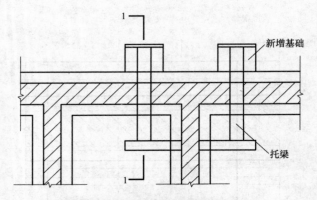

外增基础加宽砖砌条形基础底面积平面图

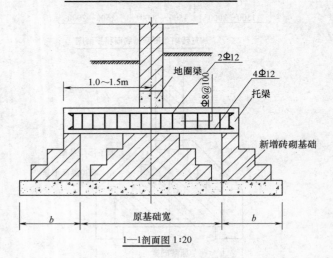

1—1剖面图 1:20

注：
1.基础加宽宽度b在240～500mm之间；
2.托梁大小一般不宜小于240mm×240mm。

14

3 石灰桩加固

3.1 基本规定

3.1.1 定义

石灰桩是指采用机械或人工方法在地基中成孔，然后灌入生石灰块或按一定比例加入粉煤灰、炉渣等掺合料及少量外加剂进行振密或夯实而形成的桩体。石灰桩与经改良的桩间土组成的石灰桩复合地基具有桩体作用、垫层作用、挤密作用、加速固结作用、离子交换作用、减载作用及碳化作用等独特的加固机理，桩体固结具有一定强度，桩间土的力学性能可得到明显改良。由于石灰桩的低强度及可压缩性，使二者能很好地变形协调，共同承担外部荷载。

3.1.2 优缺点

石灰桩在加固传统民居地基时具有就地取材、施工方法简单，不需要复杂施工机械，施工进度快，造价低等特点。

石灰桩加固的缺点是生石灰有一定的腐蚀性，现场作业条件艰苦，作业人员需要有严格的安全防护服装和用具（防护靴和防护镜）。当个别桩施工不当（特别是有地表水意外进入石灰桩孔内时）会发生突然的"爆炸"事故，即孔内的生石灰和掺合料突然冲出孔口伤人，俗称"放炮"。施工中应严格防控。

3.1.3 适用范围

石灰桩适用于加固饱和黏性土、淤泥、淤泥质土、素填土和杂填土等地基上的传统民居，不适用于砂土和透水性大的砂质粉土地基。在雨季施工时，应采取阻水和防水等措施。

石灰桩加固不适用于地下水位之下的传统民居地基加固。

3.2 设计要求

（1）由于石灰桩的膨胀挤密效应和排水固结作用，石灰桩在设计过程中应采用小桩径、密布桩的原则。

（2）传统民居地基加固中的石灰桩常用桩径为 200～300mm。

（3）石灰桩的加固深度通常取 3～5m、桩间距取 0.8～1.2m。桩距/桩径宜于 2～5m，当缺乏参考资料时，可根据表 3.1 确定。

石灰桩桩距的参考值　　　　　　表 3.1

土类	桩距/桩径(m)
淤泥和淤泥质土	2～3.5
较差的填土和一般黏性土	3～4
较差的填土和黏性土	3～5

（4）平面布置可分别沿既有传统民居基础内、外两侧。根据既有地基加固经验，当传统民居基础变形不严重，基础裂缝宽度在 5mm 以下时，通常在既有墙体内、外各设一排；当传统民居基础变形较严重，基础裂缝宽度在 5mm 以上时，通常在既有墙体内、外各设 2 排并梅花形布置。

（5）在石灰桩顶部宜铺设一层 200～300mm 厚的混凝土垫层封孔。

3.3 材料

3.3.1 桩体选材

构成桩体的主要材料是生石灰和粉碎的炉渣。生石灰的活性 CaO 应大于 85%，灰块直径以 5cm 左右为宜，粉灰含量应小于 20%，矸石含量小于 5%。

3.3.2 材料配比

（1）桩端 0.5m 范围内灰渣比（生石灰比炉渣）为 1:1，0.5m 以上桩体为 1:2（均为体积比）。

（2）桩端增加灰比解决了桩身密实度和施工安全，但留下了人为的软弱桩段，因此，在桩端 0.5m 掺入 5%～7% 的水泥，亦可消除人为膏化段。

3.4 设备

石灰桩施工可采用人工洛阳铲成孔。成桩时可采用孔内落锤、人工夯实工艺。桩孔质量检查可采用量孔器。

图 3.1 洛阳铲

图 3.2 铁夯

图 3.3 量孔器

3.5 施工工艺

（1）注意防止施工中地表水和临近水源渗透进入石灰桩身。

（2）基础两侧必须同时施工，防止基础两侧因地基承载力、压缩性不一样而致使基础两侧不均匀沉降产生墙体倾斜。

（3）打桩顺序应该"先室外后室内"的原则，对同排桩应采用"先两端后中间"的施工方式。

（4）传统民居石灰桩加固宜采用大口径洛阳铲成孔（铲头直径200mm左右）。

（5）桩孔要圆滑垂直，上下一致。

（6）石灰桩必须每挖一孔，立即回填一孔，不可连续打多孔后再回填，否则不仅因湿土塑性产生桩孔颈缩现象，而且会在击实回填时，使桩孔周围土有临空面，难以挤实。

（7）石灰桩所用填料必须是吸水性很强的碎块生石灰，不可用粉状熟石灰。

（8）填料量宜为桩孔体积的1.5～2.0倍，计算用料时按米计算。

（9）填料前应消除桩孔内的杂物和积水，在软土中施工宜在孔中先灌入50cm厚的砂。

（10）采用夯击时，应分段夯填，每段高度50～100cm。每层人工夯击次数不少于10击，从夯击声音可判断是否夯实。

（11）石灰桩填夯后必须立即用黏土等材料压实封顶，以增加上覆压力，防止地表水流入桩身和防止石灰桩因水化过分激烈而引起桩孔喷料现象。封顶长度一般0.3～0.5m，且必须夯实或压实。

（12）为保证桩孔的标准，应用量孔器逐孔进行检查验收。量孔器柄上带有刻度，在检查孔径的同时，检查孔深。

（13）为提升地基加固效果，还可在石灰桩施工完成1个月后再按"基础扩大加固法"施作扩大基础。

3.6 质量检验和工程验收

3.6.1 施工前

施工前应对石灰及炉渣质量（细度）、桩孔放样位置等进行检查。

3.6.2 施工中

施工中应检查孔深、孔径、石灰与炉渣配比、桩身填料量及夯填质量。

3.6.3 施工后

石灰桩质量检验标准可参考表3.2。

石灰桩质量检验标准　　表3.2

项目	序号	检查项目	允许偏差或允许值		检查方法
			单位	数值	
主控项目	1	石灰及炉渣质量	设计要求		
	2	桩长	mm	±200	测桩孔深
一般项目	1	桩位偏差	mm	施工50，验收0.5d	用钢尺量
	2	桩孔直径	mm	±200	用钢尺量
	3	垂直度	%	1.5	垂球
	4	混合料含水量（与设计值比）	%	±2	抽样检验
	5	填料量	%	≥95	实际用量与计算用量比

一般来说，传统民居基础加固施工完成后，应进行不少于3个月的沉降监测。当传统民居所有沉降监测点位最后1个月内的沉降量小于1mm时，方可判定加固有效。

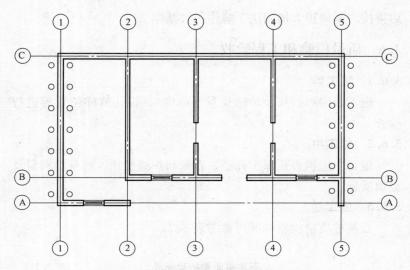

图 3.4　示范房屋单排石灰桩孔位布置图

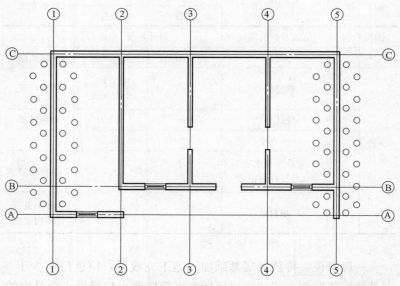

图 3.5　示范房屋两排石灰桩孔位布置图

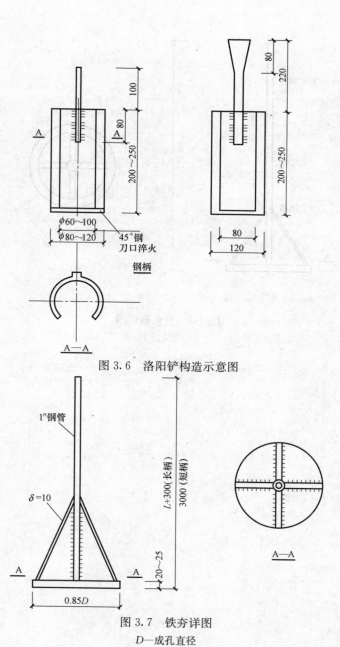

图 3.6　洛阳铲构造示意图

图 3.7　铁夯详图
D—成孔直径

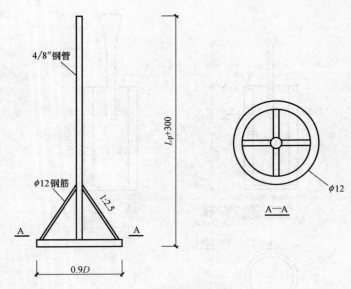

图 3.8　量孔器详图

D—成孔直径

4 注浆加固法

4.1 基本规定

4.1.1 定义

注浆加固法是指利用一定的压力（如气压、液压等）以及电化学的原理，通过注浆管将搅拌好的能强力固化的浆液注入到地层中，浆液以渗透、填充、挤密和劈裂等方式扩散到地基当中，挤走土体颗粒间的空气和水分后占据其位置，浆液经一定时间的凝结固化以后，将原来松散的土颗粒胶结成一个整体，与土体形成一个强度较高的固结体，以达到改善地基土体物理力学性质目的的地基处理方法。

4.1.2 优缺点

传统民居地基注浆加固法优点为：浆液在地层中扩散范围较广，浆液利用率高，浆液与土体固结强度高。

缺点：传统民居地基均为浅层地基，地基土多为杂填土，土中含有树根、碎砖等杂物，注浆过程中浆液可控性较差，易出现串浆、跑浆现象，加固影响区域很难有效控制，浆液易流失到加固区域以外的地方，造成浪费，且达不到注浆加固效果，必须采取特殊的封孔措施才实现加固效果。

4.1.3 适用范围

浅层地基注浆加固法适用于杂填土、人工填土、砂土、粉土和黏性土等传统民居浅层地基加固。

4.2 注浆加固施工准备

4.2.1 浆液材料

注浆加固中所用的浆液是由主剂（原材料）、溶剂（水或其他溶剂）及各种外加剂混合而成。通常所指的注浆材料是指浆液中所用的主剂。注浆材料常分为粒状浆材和化学浆材；而按材料的不同特点又可分为不稳定浆材、稳定浆材、无机化学浆材及有机化学浆材。

根据工程需要，浆液拌制时可掺入速凝剂、缓凝剂、流动剂、加气剂、膨胀剂、抗冻剂等，其掺入量可分别通过试验确定。

4.2.2 注浆设备

注浆用的主要设备有钻孔机具、注浆泵、浆液搅拌机等。钻孔机具可采用小型气动钻机（图 4.1）和洛阳铲（图 4.2）配合成孔；注浆泵型号可根据工程需要及施工单位现有装备条件选用，实例中注浆泵如图 4.3 所示，气泵如图 4.4 所示；对于双液注浆如水玻璃加水泥浆需要浆液混合器。

图 4.1 小型气动钻机   图 4.2 洛阳铲

图 4.3　注浆泵

图 4.4　气泵

4.3　注浆加固设计

4.3.1　浆液配合比

注浆设计前，宜进行室内浆液配合比试验和现场注浆试验，以确定设计参数和检验施工方法及设备；有地区经验时，可按地区经验确定设计参数。注浆用水不得采用 pH 值小于 4 的酸性水或工业废水。注浆用水泥的强度等级不宜小于 32.5 级。水泥浆的水灰比可取 0.6～2.0，常用的水灰比为 1.0。

4.3.2　注浆孔孔径

注浆孔孔径宜为 70～120mm，垂直度偏差不应大于 1%。

4.3.3　注浆孔间距

注浆孔间距应根据现场试验确定，宜为 1.0～2.0m；注浆孔可布置在基础内、外侧。

4.3.4　注浆孔封口

浅层地基注浆孔封口应以"组"为单位进行封口，每组注浆孔封口用 C20 素混凝土浇筑止浆板、止浆肋，止浆板、止浆肋厚度不小于 200mm，止浆肋沿止浆板以下深度不小于 500mm，其具体布置方式及尺寸根据注浆方案另行设定。

4.3.5　注浆压力

注浆压力宜通过现场注浆试验来确定。传统民居浅层地基的注浆加固过程中注浆压力不易控制，注浆压力不宜大于 0.15MPa。

4.3.6 注浆量

注浆所需的浆液总用量 Q 可按下式计算：

$$Q=1000k \cdot V \cdot n \qquad (4.1)$$

式中 Q——浆液总用量（L）；

       V——注浆对象土的体积（m³）；

       n——土的孔隙率（%）；

       k——经验系数，粉质黏土中 $k=0.15\sim0.35$。

已有的现场试验表明，在粉质黏土地基中，浆液填充率为 $8\%\sim15\%$。

4.4 注浆加固施工工艺

4.4.1 施工场地应预先整平场地，并沿钻孔位置开挖沟槽和集水坑。

4.4.2 注浆管底部沿管口往上 80cm 每隔 10cm 打孔（详见图4.5），每一高度在注浆管周壁打孔 3～4 个，并沿周边均匀分布。

4.4.3 注浆管露出封口位置不应少于 20cm，封口完成后需养护 24h 后方可进行注浆。

4.4.4 应检查进场水泥质量，并严格按照设计方案中的配比配制浆液。浆液应经过搅拌机充分搅拌均匀后，方可开始注浆。注浆过程中，应不停缓慢搅拌，搅拌时间不应大于浆液初凝时间。浆液在泵送前，应经过筛网过滤。

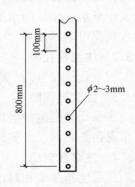

图 4.5 注浆管打孔示意图

4.4.5 每一个注浆孔注浆过程中，应仔细观察并记录注浆压力、注浆量的变化及最后浆液出浆情况，及时总结并改进设计方案。

4.4.6 每完成一根注浆管的注浆，应及时用木塞堵住管口，防止浆液从注浆管返流。

4.4.7 当完成所有注浆工作后，或是完成一批注浆后与下一批之间间隔较长时，应及时清洗注浆泵及注浆橡胶管中的浆液，方法是：用注浆泵吸排清水，冲洗浆液缸及过流部位直至出浆管流出清水为止。

4.4.8 在日平均温度低于5℃或最低温度低于-3℃的条件下注浆时，应在施工现场采取保温措施，确保浆液不冻结。

4.4.9 浆液水温不得超过35℃，且不得将盛浆桶和注浆管路在注浆体静止状态暴露在阳光下，防止浆液凝固。

4.4.10 注浆顺序应根据地基土质条件、现场环境、周边排水条件及注浆目的等确定。注浆应采用"先外围后内部"的跳孔间隔注浆施工，不得采用单向推进的注浆方式。

4.4.11 传统民居浅层地基注浆时，应对加固对象及其临近建筑和地面的沉降、倾斜、位移和裂缝进行监测，且应采用多孔间隔注浆和缩短浆液凝固时间等技术措施，减少既有建筑基础和地面因注浆而产生的附加沉降或抬升。

4.5 验收方法

4.5.1 注浆验收时间应在注浆施工结束28d后进行。

4.5.2 验收方法可用轻便触探试验或静荷载试验对加固土层进行检测。对注浆效果的评定，应注重注浆前后数据的比较，并结合建筑物沉降观测结果综合评价注浆效果。

4.5.3 应在加固土层全部深度范围内，每间隔1.0m对注浆加固前后土体取样进行室内试验，测定并对比压缩性、强度或渗透性。

4.5.4 注浆检验点应布设在注浆孔之间，检测数量应为注浆孔数的2‰～5‰。如果检验点的不合格率等于或大于20%，或虽然小于20%但检验点的平均值达不到强度或防渗的设计要求时，在确认设计原则正确后应对不合格的注浆区实施重复注浆。

4.5.5 应对注浆凝固体试块进行强度试验。

4.5.6 一般来说，传统民居基础加固施工完成后，应进行不少于3个月的沉降监测。当传统民居所有沉降监测点位最后1

个月内的沉降量小于 1mm 时，方可判定加固有效。

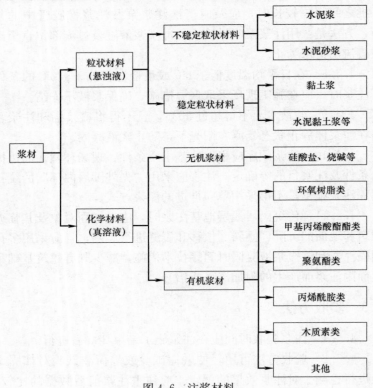

图 4.6　注浆材料

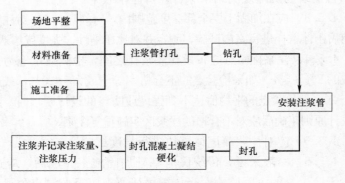

图 4.7　注浆施工流程图

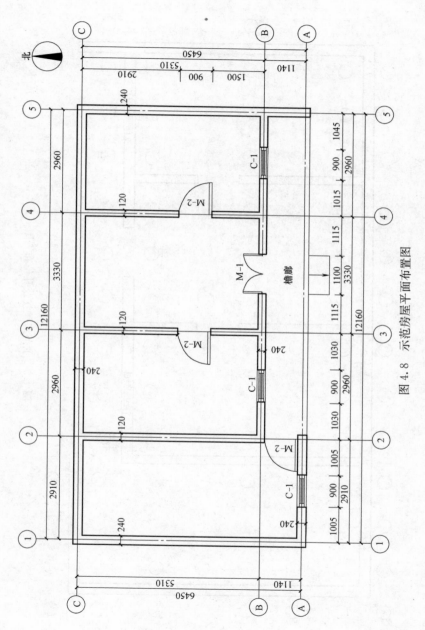

图 4.8 示范房屋平面布置图

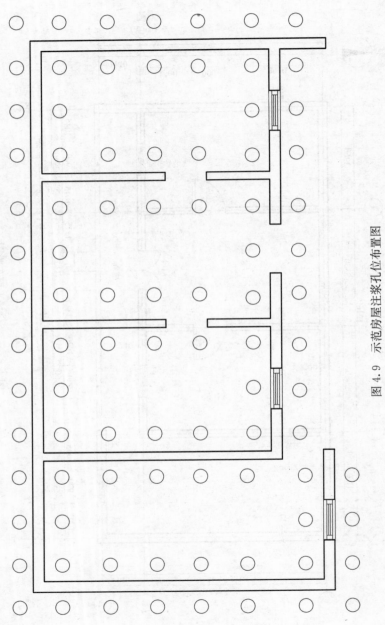

图 4.9　示范房屋注浆孔位布置图

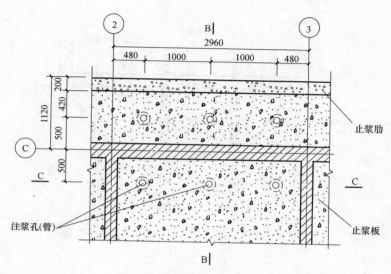

图 4.10　示范房屋部分注浆孔位现场布置

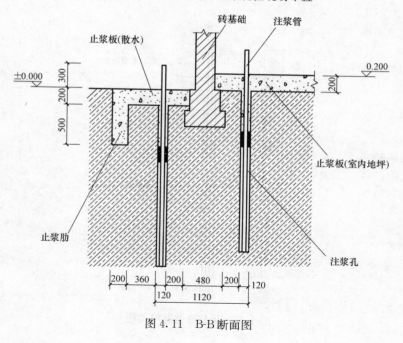

图 4.11　B-B 断面图

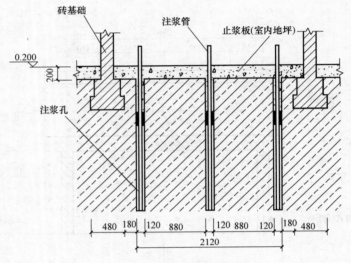

图 4.12　C-C 断面图

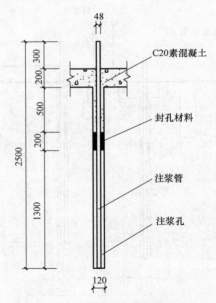

图 4.13　单根注浆孔结构图

5 静压钢管桩加固

5.1 基本规定

5.1.1 定义

静压钢管桩法是利用锚固件将压桩架与建筑结构基础连接在一起，并运用建筑结构自重作为反力，使用千斤顶将钢质桩分段压入土层中，桩段之间采用焊接连接，当压入深度或压桩力达到设计要求之后，浇筑桩帽，将桩头与原基础连接在一起，通过静压桩承担原结构部分荷载，达到加固地基基础的作用。

5.1.2 优缺点

钢材具有质量轻、强度高的技术特征，相对于传统民居以往的加固木桩具有更强的耐久性。随着型钢品种的多样化，且综合造价降低，特别是加固过程中人工成本的大幅度下降，钢管桩静压加固法已成为传统民居加固的最佳选择。

静压钢管桩法受力明确，传力可靠，操作方便，加固质量容易保证；施工机具轻便灵活，施工时所需作业面小；施工时无振动、无噪声、无环境污染；施工技术成熟而且综合加固费用低。

缺点：静压钢管桩法需要拟加固传统民居具备刚度较大的基础形式，自身具备一定的结构完整性，可以将上部荷载部分传递到新增设的钢管桩体系上。

5.1.3 适用范围

静压钢管桩法适用于黏性土、淤泥、淤泥质土、人工填土、稍密粉土和湿陷黄土等地基土。

5.2 施工机具及材料

静压钢管桩施工主要机具材料及用量（以示范房屋为例）

表 5.1

序号	名称	单位	数量	备注
1	压桩机	台	1	ZYJ60
2	电焊机	台	1	17～22kW
3	砂轮切割机	把	1	400mm
4	配电箱	个	1	
5	经纬仪、水准仪	个	1	
6	钢方桩 160×8	t	1.6	
7	M20 地脚螺栓	个	64	
8	HRB335ϕ18	t	0.5	
9	HPB300ϕ6	t	0.08	
10	C30 混凝土	m³	12	

图 5.1 压桩机

图 5.2 钢方桩

图 5.3 电焊机

图 5.4 切割机

5.3 静压钢管桩设计

（1）根据传统民居持力层浅、自身结构刚度弱的特征，静压钢管桩设计过程中应采用小桩径、密布桩的原则。

（2）传统民居静压钢管桩常采用圆桩和方桩，桩径（或方桩边长）常用 100～200mm。

（3）静压钢管桩桩长应根据地基条件确定，通常取 2.0～3.0m、桩间距取 2.0～3.0m。桩顶标高与传统民居基础底面平齐。

（4）宜在传统民居基础内、外对称设置钢筋混凝土反力梁，作为分担上部荷载的承力构件。反力梁截面宽度宜为 300～500mm，截面厚度宜为 200～400mm，并在施工过程中预留压桩孔。

5.4 静压钢管桩施工工艺

（1）测量定位

按照加固图纸要求布设桩位，将具体的压桩位置定出，并做好标记。

（2）开挖工作面

按照设计反力梁的尺寸开挖基槽，开挖至设计深度后清除底部浮土并将基槽底部清平，然后铺设 100mm 厚 C10 素混凝土垫层。

（3）植入水平钢筋

按照设计方案，在基础大放脚内植入水平钢筋，水平钢筋需要穿透基础大放脚，并与后浇筑的反力梁连接到一起。

（4）浇筑反力梁

绑扎钢筋、预埋地脚螺栓并预留压桩孔，浇筑 C30 混凝土并加以养护。

（5）桩架就位

反力梁混凝土凝结硬化并达到强度后，安装压桩架。压桩架应始终保持竖直状态，垂直度误差不超过 1‰，均衡紧固地脚螺栓的螺帽，在压桩过程中应及时检查并随时拧紧松动的螺帽。

（6）压桩

第一节钢桩应设置桩尖，桩尖尺寸为 200mm，就位时应准确对位，平面误差应小于 20mm，垂直度偏差不超过 0.5%，准确就位后开始对桩施加压力，每压入 30cm 左右时停止施压，复核此时桩的垂直度偏差。当第一节桩顶距离压桩面约 10cm 时，第一节桩施工完毕，开始准备接桩。

（7）接桩

在接桩之前需先仔细清理桩头上的水泥浆、浮土等杂物，然后把第二节桩与第

图 5.5　第一节钢桩桩尖

一节桩的桩头对齐，检查第二节桩的垂直度，如果达不到要求，应重新加以调整，最后将两桩满焊在一起。焊接时应进行初步定位，即先将桩的四个角点焊在一起，然后再对称将上下两节桩焊接在一起，焊缝要求连续、饱满，焊脚高度不小于 6mm。

（8）收桩

用安装于桩顶的百分表对桩的下沉量进行读数，并通过油泵上压力表随时观察记录压桩力的大小，当桩被压入设计位置时结束压桩。

（9）封桩

在桩顶用两端设 90°弯钩的钢筋与地脚螺栓对角交叉焊接，然后浇筑混凝土进行封桩，形成桩帽。

5.5　验收方法

（1）第一节桩下压时垂直度偏差不应大于 0.5%，桩位允许偏差应为 ±20mm。

（2）压桩应连续不间断进行，每节桩的垂直度误差控制在 1/1000 以内，保持千斤顶与桩段轴线在同一垂直线上，千斤顶施加的压力中心与截面形心重合，千斤顶安放偏差不大于 2mm。

（3）压桩架应保持竖直，桩节、千斤顶及桩孔轴线应重合，不得偏心受压，垂直度偏差不得大于 1%。

（4）采用焊接接桩时，应清除表面铁锈，进行满焊，确保焊接质量，焊脚高度不小于 6mm。

（5）封桩前应用毛刷刷净桩头和桩孔，以 C30 微膨胀早强混凝土浇灌封桩。

（6）桩尖达到设计标高，且压桩力不小于设计单桩承载力 1.5 倍时的持续时间不少于 5min 时，可终止压桩。

（7）传统民居基础静压钢管桩加固，压桩力和压桩深度大体成正比，钢管方桩 160×8mm，压桩力大约为 80~90kN。

一般来说，传统民居基础加固施工完成后，应进行不少于 3 个月的沉降监测。当传统民居所有沉降监测点位最后 1 个月内的沉降量小于 1mm 时，方可判定加固有效。

5.6　静压钢管桩加固示范

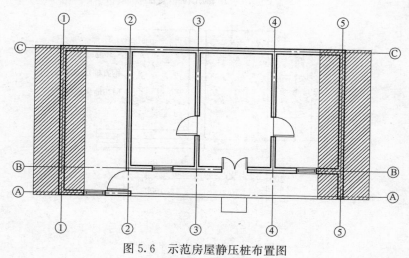

图 5.6　示范房屋静压桩布置图

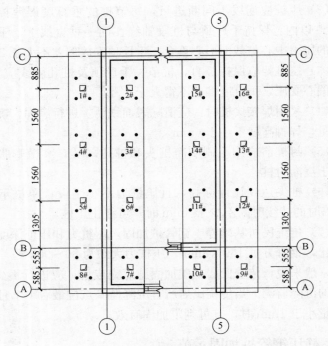

图 5.7 压桩孔位布置图

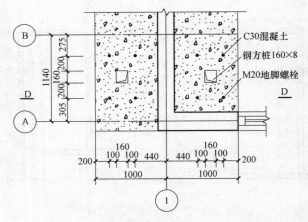

图 5.8 压桩孔位尺寸布置

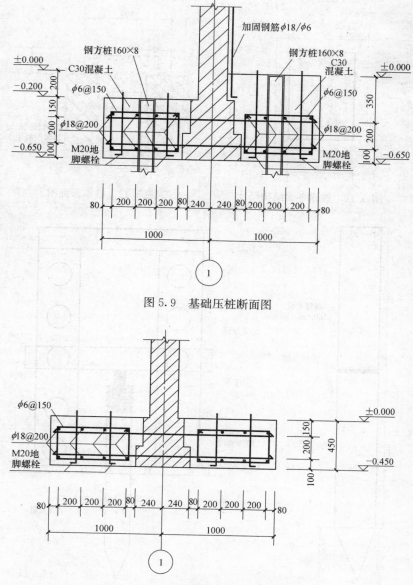

图 5.9　基础压桩断面图

图 5.10　基础设置反力梁图

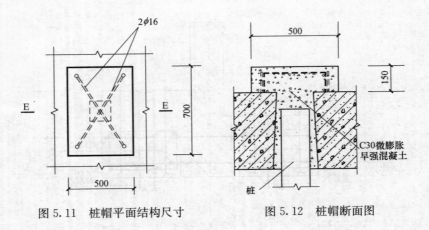

图 5.11 桩帽平面结构尺寸   图 5.12 桩帽断面图

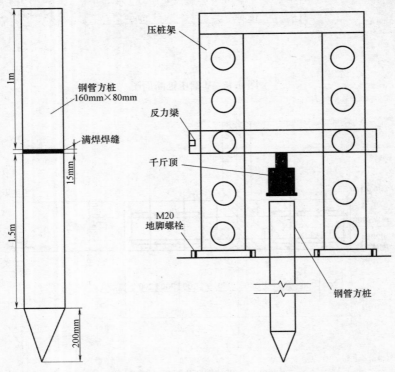

图 5.13 桩间接缝立面图   图 5.14 静压桩原理图

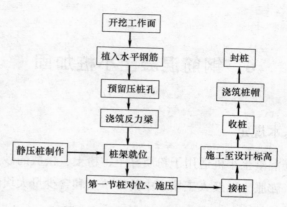

图 5.15 静压桩施工工艺流程

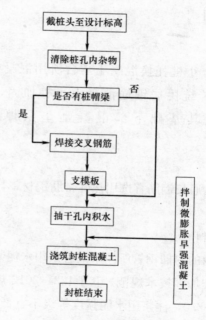

图 5.16 封桩施工流程图

6 钢筋混凝土小桩加固

6.1 基本规定

钢筋混凝土小桩适用于粉质黏土、粉土、松散的砂土、湿陷性黄土、膨胀土以及人工填土中的素填土和含少量大块碎屑的杂填土地基的加固。

6.2 加固材料

6.2.1 混凝土

钢筋混凝土小桩托换混凝土承台所用混凝土强度等级不应低于 C20。传统民居钢筋混凝土小桩加固，可采用现场拌制混凝土，其基础下部混凝土垫层厚度不应小于100mm。

6.2.2 钢筋

拉结钢筋、通长钢筋宜选用热轧带肋钢材，且钢筋强度不宜低于 HRB335。

6.2.3 注浆材料

通过桩孔内的内插钢管所注浆液宜采用水泥浆，并根据《既有建筑地基基础加固技术规范》JGJ 123—2012 规定，水泥浆水灰比宜为 0.6～2.0，注浆用水泥强度等级不宜低于 32.5 级，宜采用硅酸盐水泥、普通硅酸盐水泥等。

6.2.4 传统民居基础托换梁

基础托换梁宜为现浇钢筋混凝土梁，钢筋混凝土托换梁的承载力应满足上部基础荷载的强度要求，并应对托换梁进行抗冲切验算。

6.2.5 填充料

钢筋混凝土小桩内壁与内插钢管之间宜填充中粗砂或者碎石，碎石粒径宜为 5~10mm。

6.3 施工设备

6.3.1 钻孔设备

钢筋混凝土小桩加固开孔采用小型气动钻机和洛阳铲配合成孔。

6.3.2 内插钢管注浆设备

主要注浆设备有气泵、注浆泵。

6.3.3 其他设备及器具

其他设备主要有：内插钢管、水泥浆液搅拌桶、铁锹、水泥搅拌机、电焊机、电源线、切割机、运水车、钢尺等。

6.4 加固施工

钢筋混凝土小桩加固是先在顺基础方向分段开挖沟槽，在每段基础下面先挖去一部分土体，使其尺寸以能够浇筑托换梁为宜，整平基础底面，现浇托换梁，在托换梁之间浇筑混凝土垫层，然后在坡面绑扎钢筋形成环形围箍，使基础形成一个封闭的整体，并在桩位置增大拉结钢筋直径，拉紧沿基础墙体方向的通长钢筋，内插钢管与基础进行封孔连接。分段施工时，采用内钢支撑支承上部荷载。通过钢筋混凝土小桩分担原结构部分荷载，从而达到控制沉降的目的。

6.5 加固施工流程图

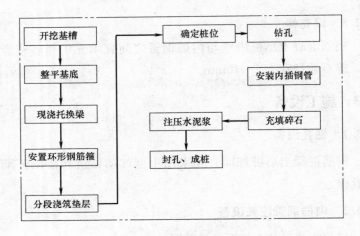

图 6.1 加固施工流程图

6.6 小桩成孔施工

6.6.1 钢筋混凝土小桩成孔度宜采用机械成孔或者机械与人工成孔相结合的方式。采用小型钻机在传统民居基础两侧成孔，开孔直径宜为200~250mm，钢筋混凝土垫层以下部位用洛阳铲人工挖孔，垂直度偏差控制在2%以内且不应大于50mm，钢筋混凝土小桩在施工时应据结构分段、对称施工，结构同侧应跳打施工（通常"跳二打一"）。

6.6.2 内插钢管可采用$DN60 \times 4mm$，即直径60mm、壁厚4mm的钢管，不宜小于$DN48 \times 3.5mm$。钢管底部沿管口往上每隔200mm打孔眼，孔眼直径5mm，每一高度在内插钢管周壁打孔数宜为3~4个，并沿周边均匀分布，内插注浆管下端封闭。

6.6.3 安装内插钢管时用胶带将注浆孔眼临时封堵，将内插钢管安放入孔中央，在钢筋混凝土小桩孔与内插钢管空隙之间填充中粗砂或者碎石,碎石粒径宜为 5~10mm。

6.6.4 原基础位置注浆后,应通过封孔使内插钢管与基础连接,封孔采用膨胀混凝土,膨胀剂根据有关技术要求确定。

6.7 注浆施工

6.7.1 注浆前需对待加固基础进行认真检查,确认基础沉降量值,并根据地勘报告确定持力层位置,桩端进入持力层不小于 1000mm,并估算单桩竖向承载力特征值。

6.7.2 注浆时先注入水泥砂浆,水灰比 1:0.5,灰砂比 1:0.3,注浆压力为 0.4~0.5MPa,当灌注完成 1 小时后采用 1:0.6 环氧树脂基水泥浆高压注浆,注浆压力不小于 1.0MPa,直至旁边孔冒浆为止。

6.7.3 每米注浆设计水泥用量应控制在 100kg 左右,拌和水泥砂浆所用的水的温度不得超过 35℃,并不得将盛浆桶和灌注浆液的内插钢管暴露于阳光下,防止浆液凝固。

6.7.4 小桩内插钢管应间隔跳孔注浆,通常采用“跳二注一”。

6.8 质量检验

6.8.1 传统民居基础在灌入中粗砂或者碎石施工后应进行击实试验(钎探方法)检查质量。对不合格处应进行补注浆液。

6.8.2 质量检验按《既有建筑地基基础加固设计规范》JGJ 123—2000 执行。

6.9 验收方法

一般来说,传统民居基础加固施工完成后,应进行不少于 3 个月的沉降监测。当传统民居所有沉降监测点位最后 1 个月内的沉降量小于 1mm 时,方可判定加固有效。

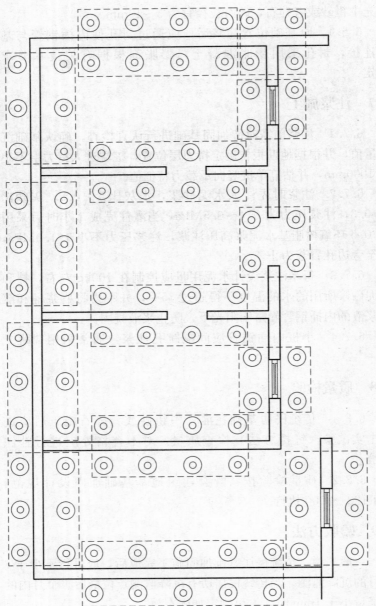

图 6.2 示范房屋钢筋混凝土小桩基础加固平面布置图

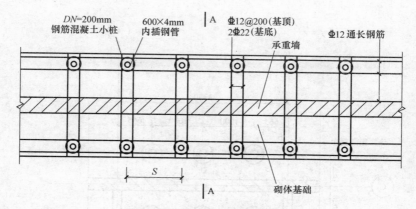

图 6.3　外包钢筋混凝土承台

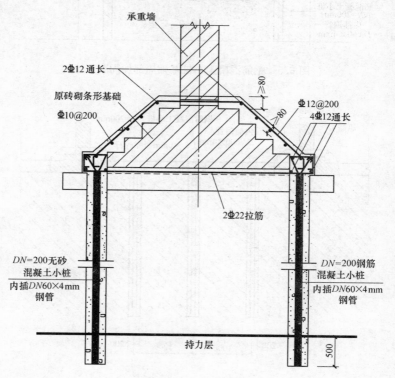

图 6.4　A-A 剖面图

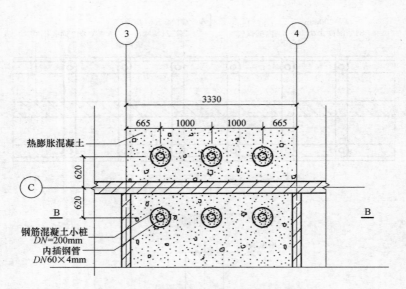

图 6.5 钢筋混凝土小桩基础局部加固图 1

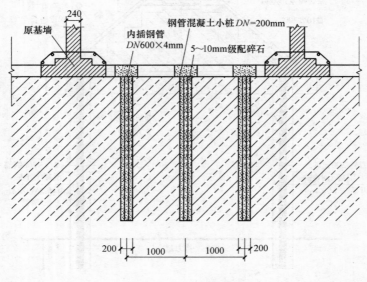

图 6.6 B-B 剖面图

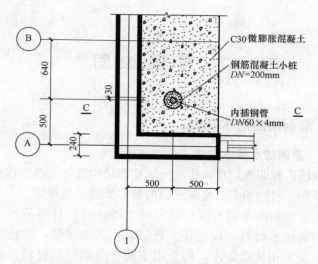

图 6.7　钢筋混凝土小桩基础局部加固图 2

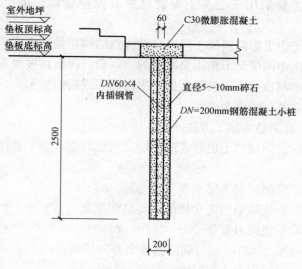

图 6.8　C-C 剖面图

7 窑洞加固

7.1 窑洞顶面防水加固

7.1.1 窑洞防水基本方法

现场病害调查发现，传统民居窑洞结构破坏大多与地表水冲刷、浸润、侵蚀相关。窑洞建筑的防水处理至关重要。

生土窑洞防水的方法目前有两大类：一是材料防水，即采用常用的绝水材料，设置在土表层以下某个深度，防止水的下渗；二是采用构造防水，即采用不同介质的层状材料，设置在窑洞顶面的耕植层下，阻止或减缓水的下渗。构造防水中的层状材料主要采用三七灰土等农村中可大量获得的廉价地方性材料。

传统生土窑洞顶部土层厚且具天然结构，如果土质均匀，在雨量不集中的情况下是不会渗漏的。当窑洞顶面植被根系向下发育，或窑洞顶面土层被某种外力损伤，形成局部集水后，窑洞的结构体系就可能逐渐破坏。

7.1.2 窑洞防水施工方法

针对窑洞顶部土层厚度的不同，将窑洞防水施工方法分为以下二种：

（1）窑洞顶部土层厚度（最小处）$h \geqslant 5m$

可采取较简单的防水措施，将窑洞顶面大致整平，再从窑洞洞身边沿每边向外扩展 3m，施作一层 300mm 厚的三七灰土防水层，并按 2% 坡度向窑洞两侧排水方向找坡。

（2）窑洞顶部土层厚度（最小处）$h < 5m$

在完成（1）中的防水加固后，再在三七灰土防水层顶面采用防水卷材铺贴，最后上覆 500mm 以上的黏土保护层。

7.1.3　窑洞防水施工工艺

（1）三七灰土防水层施工

生石灰熟化：根据需要三七灰土的数量和比例，确定所需石灰的数量，并提前进行熟化。

土体筛分：熟石灰粒径不得大于 5mm，黏土粒径不得大于 15mm，发现粒径超标的应及时筛除，熟石灰的掺入量应严格按比例进行掺和。

三七灰土拌制：灰土配合比应符合设计规定石灰：土（体积比）＝3：7。用人工翻拌，不少于三遍，达到均匀、颜色一致，并适当控制含水量，现场以手握成团，两指轻捏即散为宜。如含水分过多或过少时，应稍晾干或洒水湿润，如有球团应打碎，要求随拌随用。

三七灰土防水层厚度为 300mm，采用人工夯实，每层虚铺厚度为 200mm，分 2 步夯实，找坡 2%。

灰土应当日铺填夯实，不得隔日夯打。

（2）三七灰土上防水卷材施工

在上述三七灰土防水层顶面上人工涂抹厚度 20mm 的水泥砂浆面层，并铺贴防水卷材。以下以示范工程中的聚乙烯丙纶防水卷材为例说明施工过程。

聚乙烯丙纶防水卷材粘贴前，在铺设部位将卷材预放约 3～12m，找正方向后，中间固定。将卷材一端卷至固定处，涂胶粘铺，这端贴完后，再将预放的卷材另一端卷回至已粘好的位置，连续粘贴直至整幅。

涂胶铺设的方法：首先将已配制好的胶用小容器倒在预粘处的找平层上，胶要连续适量均匀，不露底不堆积，厚度应保持在 1mm，然后铺卷材用刮板排气压实，排出多余的胶剂。

卷材采用搭接法铺贴，卷材搭接缝宽度：长边与短边均为 100mm，上下层、相邻两幅卷材的搭接缝及主防水层与附加层搭接缝应错开。

卷材搭接缝满粘，接缝压实后在接缝边缘再涂刷一层水泥素浆将接缝密封严实，接缝不允许有露底、打皱、翘曲、起空现象。

涂胶与铺设卷材注意事项：水泥粘结剂涂刮后应随即铺贴卷材，防止时间过长胶中的水分散失影响粘接质量。用刮板排气刮实卷材的同时应注意检查卷材下面有无硬性颗粒及其他物质将卷材垫起，如有应将其取出重新粘贴。已铺设完的防水层在水泥素浆具备一定强度前应避免人员在上部来回踩踏以免卷材起鼓。卷材必须平整粘贴于找平层上，不得打皱、翘边，粘贴面积应达85％以上。卷材施工温度高于25℃时，应立即向施工后的卷材表面喷水降温和遮盖养护，防止卷材变形起鼓。

卷材施工完成后，在其上方回填 500mm 以上的黏土保护层。

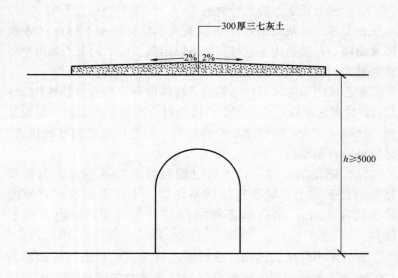

图 7.1　窑洞顶部土层厚度 $h \geqslant 5$m 防水措施示意图

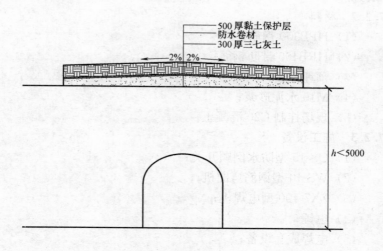

500厚黏土保护层
防水卷材
300厚三七灰土

2% 2%

$h < 5000$

图 7.2　窑洞顶部土层厚度 $h < 5\mathrm{m}$ 防水措施

7.2　窑洞洞身加固

7.2.1　概述

生土窑洞常存在洞身开裂、局部坍塌等问题形成安全隐患，无法正常使用，对窑洞进行加固可提高其结构安全性能。

由于传统民居中的窑居建筑具有地下或半地下洞室的结构形式，其加固方式也具有特殊性，既有结构加固一般性又有地基基础加固的特殊性。

一般来说，窑体的洞身加固都采用钢筋混凝土无铰拱。沿着窑洞的进深方向，每 3～5m 设一道无铰拱，再将两个拱脚分别落在窑洞两侧地面以下，并设置可靠拱基础，形成加固承载体系（图 7.3）。对于窑洞内地面局部存在洞穴（如红薯窑，粮食窖等），不具备形成拱脚支座的情况，需要在窑洞地面内部设置水平拉杆，以平衡拱脚处的水平推力（图 7.6）。

本章结合示范工程调研，分别给出以上两种形式窑洞结构加固方法。

7.2.2 材料

（1）HPB300 钢筋；

（2）HRB400 带肋钢筋；

（3）预埋钢板；

（4）M10 水泥砂浆；

（5）现场拌制 C20 混凝土。

7.2.3 施工设备

（1）QS-15 型防水倒顺开关；

（2）WS-40 型钢筋弯曲机；

（3）ZX7-400 型电焊机；

（4）电锤；

（5）电焊成套设备；

（6）电箱；

（7）焊机与工具钳；

（8）坚锋 J3G-400 型材切割机；

（9）门式脚手架；

（10）木制脚手架。

7.2.4 施工前准备

（1）清理施工场地；

（2）材料进场；

（3）现场通电、贮水；

（4）钢筋加工成形。

7.2.5 拱基础加固施工工艺

（1）清理土体

① 清理生土窑居拱顶裂缝周围土体表面，凿除松动土体；

② 在生土窑居拱顶裂缝前后各 400mm 处，紧贴窑洞侧壁开
挖高为 250mm，横截面为 300mm ×300mm 的凹槽。

（2）制作基础

① 制作预埋件

将 4 根预埋钢筋上端焊接固定在预埋钢板底面，预埋钢筋之间距离 200mm。

② 浇筑混凝土基础

在开挖的凹槽内，用混凝土浇筑高度 250mm，横截面为 300mm×300mm 的混凝土基础，浇筑时，将制作好的预埋件预埋在混凝土基础内，混凝土强度等级为 C30。

（3）制备钢筋网片

将施工前准备直径 10mm 的钢筋做成钢筋网片，钢筋网片的长度为生土窑居拱顶弧长相同为 4710mm，钢筋网片宽度为 1000mm，钢筋网片的网格边长为 200mm，网格大小为 200mm×200mm，并将钢筋网片沿其长度方向弯曲成弧形，其弧度与生土窑居拱顶弧度相同。

（4）制备支撑架

将 8 根主筋分成两组，分别与箍筋相互固定，制成两榀拱形钢筋骨架；钢筋骨架横截面为 200mm×200mm，箍筋间距为 200mm。

（5）固定钢筋网片

在清理后的生土窑居拱顶上，通过长钉将钢筋网片固定在生土窑居拱顶土体上，长钉的 U 形尾端卡住钢筋网片的钢筋。

（6）固定支撑架

将制备好的钢筋骨架的下端焊接固定在基础的预埋钢板上，钢筋骨架的上部顶住钢筋网片。

（7）浇筑

① 沿钢筋网片外抹水泥砂浆，水泥砂浆的强度等级为 M10；

② 在支撑架外设置模板，在模板内浇筑混凝土，混凝土强度为 C30；

③ 待水泥砂浆及混凝土凝固后完成生土窑居窑洞洞身加固的施工。

7.2.6　水平拉杆加固施工工艺

（1）清理土体

① 清理生土窑居拱顶裂缝周围土体表面，凿除松动土体；

② 在生土窑居拱顶裂缝前后各 400mm 处，紧贴窑洞侧壁沿窑洞跨度方向开挖高为 200mm，宽为 300mm 的凹槽。

（2）制作水平拉杆

在开挖的凹槽内，用 4 根直径 16mm 钢筋与箍筋互相固定，制成矩形钢筋骨架，箍筋间距为 200mm。用混凝土浇筑高度 200mm，宽度为 300mm 的混凝土水平拉杆，混凝土强度等级为 C30。

（3）制备钢筋网片

将施工前准备直径 10mm 的钢筋做成钢筋网片，钢筋网片的长度为生土窑居拱顶弧长相同为 4710mm，钢筋网片宽度为 1000mm，钢筋网片的网格边长为 200mm，网格大小为 200mm×200mm，并将钢筋网片沿其长度方向弯曲成弧形，其弧度与生土窑居拱顶弧度相同。

（4）制备支撑架

将 8 根主筋分成两组，分别与箍筋相互固定，制成两榀拱形钢筋骨架；钢筋骨架横截面为 200mm×200mm，箍筋间距为 200mm。

（5）固定钢筋网片

在清理后的生土窑居拱顶上，通过长钉将钢筋网片固定在生土窑居拱顶土体上，长钉的 U 形尾端卡住钢筋网片的钢筋。

（6）固定支撑架

将制备好的钢筋骨架的下端焊接固定在基础的预埋钢板上，钢筋骨架的上部顶住钢筋网片。

（7）浇筑

① 沿钢筋网片外抹水泥砂浆，水泥砂浆的强度等级为 M10；

② 在支撑架外设置模板，在模板内浇筑混凝土，混凝土强度为 C30；

③ 待水泥砂浆及混凝土凝固后，完成生土窑居窑洞洞身加固的施工。

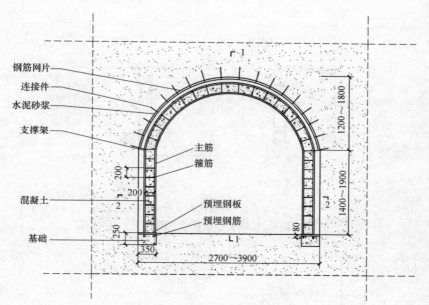

钢筋网片
连接件
水泥砂浆
支撑架
主筋
箍筋
混凝土
预埋钢板
预埋钢筋
基础

1200~1800

1400~1900

200

200

250

80

350

2700~3900

图 7.3　拱基础加固结构图

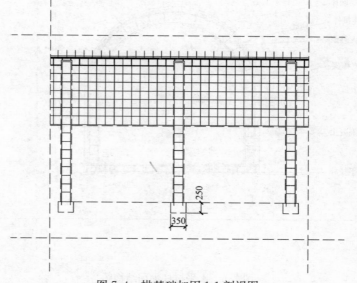

250

350

图 7.4　拱基础加固 1-1 剖视图

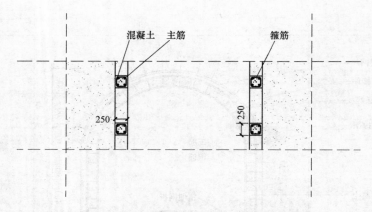

图 7.5　拱基础加固 2-2 剖视图

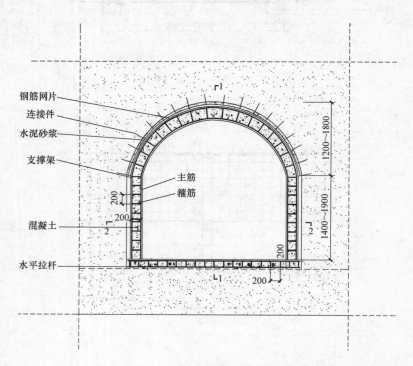

图 7.6　水平拉杆加固结构图

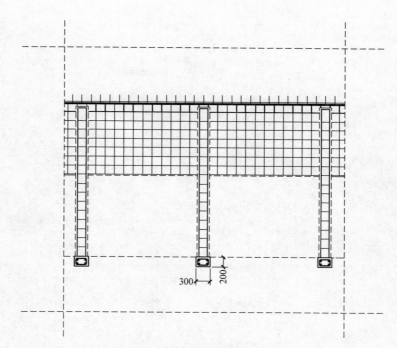

300⊢ 200

图 7.7 水平拉杆加固 1-1 剖视图

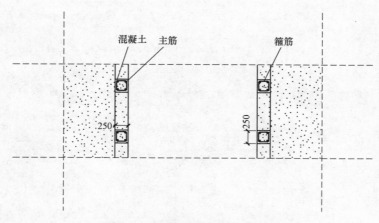

混凝土 主筋 箍筋

250 250

图 7.8 水平拉杆加固 2-2 剖视图